下·厨房·

四季

汤粥

私享家
ENJOY LIFE

何若芳 著

中国轻工业出版社

序言

　　我喜欢做饭这事儿说来也怪，因为我们家好像没有谁对下厨特别感兴趣。从儿时起我就对美食和烹饪产生了浓浓的兴趣，直到现在，我家里最多的书也是食谱书。以前放学回家，每天必看的节目是《动画城》和《天天饮食》，好在对我爸妈来说厨房也不是什么小孩不能进入的重地，只要别伤到自己就好。慢慢地，厨房就变成了我小时候休闲娱乐的好去处。

　　从一开始炒个饭、下碗面，到能做一两道菜，再到后来能给家人做一大桌子菜，每次看家里人吃得开心都很有成就感，不知不觉下厨就变成了我生活里不可或缺的一部分。

　　我不是一个很有毅力的人，小时候的很多爱好大都半途而废了，而唯独下厨这件事轻松地坚持了下来。冬天在自己的小厨房里，听着喜欢的歌，烤个南瓜小餐包，煲一锅番茄牛腩汤，就这么慢慢悠悠地度过一整个下午。都说吃到好吃的东西很治愈，我觉得比吃东西更治愈的事情大概就是做饭了吧。

　　我平时在家吃得并不复杂，像汤粥这类操作简单又充满幸福感的食物，是我家餐桌上的常驻主力。因为是只要投入足够的时间，再加上一点点小技巧就能收获的美味，所以汤粥经常会被做来温暖一家人的胃。这本书记录了我平时经常做的一些家常汤粥，希望给也喜欢做饭的你一些小灵感，收获更加丰富的美味。

　　最后，感谢妈妈爸爸毫无条件地支持我，陪我在厨房里忙活了大半年，感谢Bobby和李米米在书稿拍摄期间伸出的援助之手，感谢朱编辑的耐心帮助和建议，才有了这本书的面世。

目录
CONTENTS

汤 Soup ···

粥 Porridge ···

汤 Soup

汤应该算是中国胃的安慰食物了吧，无论是北方人偏爱的快手汤，还是南方人喜欢的小火慢煲，好像我们就对这些汤汤水水情有独钟。放学或下班回家，几个家常菜再加上一碗热气腾腾的暖汤，无论配米饭还是就面条，都会觉得是超级治愈的一餐了。

01
春

腌笃鲜

　　"腌"是腌过的咸肉，"笃"是小火慢炖，"鲜"是春天的竹笋和新鲜的排骨或五花肉。初春的脆笋，配上腌制了一冬天的咸肉，是江浙地区人们每到春天都会想念的味道。

用料
Ingredients

扫码看视频

排骨 / 300 克	姜 / 5 片
竹笋（春笋）/ 200 克	葱 / 2 根
五花咸肉 / 200 克	盐、绍酒 / 适量
百叶结 / 70 克	

做法
Steps

1. 用的五花咸肉，如果盐比较重，可以提前用清水浸泡 2~3 小时，切 1 厘米左右的厚片。

2. 可以用市售的百叶结，或者买薄干张豆腐皮，切长条后折叠成细条，把两头往反方向扭几下，根据长度打 1~2 个结即可。

3. 将竹笋用刀竖着划上一刀，剥开外皮，切滚刀块。

4. 竹笋和百叶结在盐水中汆烫 2~3 分钟，去除竹笋的草酸、百叶结的豆腥味儿。汆烫好盛出，沥水备用。

5. 排骨和五花咸肉焯水，冷水下锅，加入 2 片姜和葱段，沸腾后去除浮沫。盛出备用。

6. 炖锅里放入焯过水的排骨和五花咸肉，加入高出食材一指节的热水，放绍酒、3 片姜和葱（用小葱的话可以打个结，方便捞出）。大火煮开后，转小火炖煮 40~50 分钟。

7. 加入竹笋和百叶结，小火炖煮 30 分钟左右。

8. 如果咸味不够，可以加盐调整。

好汤密语 Tips

1. 竹笋选三、四月的春笋最佳，买来要尽快做（竹笋很容易变老）。如果来不及吃，可以焯水 2 分钟，冰箱冷藏保存，这样可以保持竹笋的脆度。

2. 如果咸肉盐味比较重，可以提前用清水浸泡 2~3 小时。咸肉不要切得太薄，以免炖煮后碎开。

3. 炖煮的最后 10 分钟可以转大火，这样能帮助油脂乳化，炖出奶白色的汤。

4. 可以根据个人喜好，加上一些焯过水的青菜。

芦笋浓汤

　　芦笋在三月纷纷上市，作为网红食材，它富含抗癌元素硒，且叶酸含量高，有抗疲劳的功效。

扫码看视频

用料
Ingredients

芦笋 250 / 克　　　　　淡奶油 / 80 克

土豆 100 / 克　　　　　菠菜 / 20 克

培根 100 / 克　　　　　黄油 / 20 克

白洋葱 / 80 克　　　　　盐、黑胡椒、冰水 / 适量

做法
Steps

1. 白洋葱切小丁。

2. 芦笋拦腰切断，土豆切块，菠菜洗净。

3. 水烧开后，放入芦笋，水再次沸腾后即可关火（焯芦笋的汤不要倒掉，用做汤）。焯过水的芦笋放入冰水里，让芦笋保持绿色。菠菜焯水，和芦笋一起放冰水里备用。

4. 开小火，锅里放入黄油、洋葱碎、土豆块，翻炒至洋葱变透明。

5. 倒入焯芦笋的汤 800 毫升左右，加入盐、黑胡椒调味。煮到土豆能被轻易戳透，放入芦笋、菠菜和淡奶油，留少许淡奶油做装饰。

6. 将所有食材倒入破壁机，高速搅打 40 秒左右，最终得到顺滑的浓汤（也可以用搅拌器搅打成汤）。可以保留几个芦笋尖，最后做装饰用。芦笋浓汤搅打好后，如果咸味不够，可再加入适量盐调味。

7. 开小火，放上平底不粘锅，烧热，直接放入培根，煎到金黄焦脆。

8. 用少许淡奶油点几个小点做装饰，放入煎好的培根和做装饰用的芦笋尖。

好汤密语
Tips

1. 洋葱建议选用白洋葱，炒的时候用小火，避免炒上色，这样芦笋汤的颜色才会漂亮。

2. 汤头也可以换成蔬菜高汤、鸡高汤等。

青菜肉丝年糕汤

　　青菜富含膳食纤维，和肉丝搭配，有荤有素，这样一碗热气腾腾的年糕汤，初春时节来上一碗，真是非常治愈了。

用料
Ingredients

宁波年糕 / 200 克	姜丝 / 3 克
猪里脊肉 / 100 克	酱油 / 3 毫升
青菜 / 100 克	淀粉 / 2 克
新鲜香菇 / 50 克	盐、白砂糖、白胡椒粉、植物
料酒 / 5 毫升	油、鸡高汤 / 适量

做法
Steps

1. 猪里脊肉洗净后逆纹切成细丝。加入料酒、淀粉、酱油、白胡椒粉、适量盐、白砂糖，抓匀，腌制 20 分钟。

2. 炒锅里倒入适量植物油，油热后加入姜丝和里脊肉，炒至肉丝变色。

3. 加入青菜梗、切片的香菇，略翻炒。倒入没过食材的热鸡高汤，加入适量盐调味。大火煮开后，转小火煮 3 分钟。

4. 加入切片的宁波年糕，再继续煮 3~5 分钟。

5. 加入青菜的叶子，煮至年糕变软即可。

好汤密语
Tips

鸡高汤做法：鸡骨架 1000 克，姜 5 片，香叶 2 片，胡萝卜 1 根。鸡骨架冷水入锅焯水后盛出。炖锅里放入所有食材，倒入高出食材 2 指节的沸水，大火烧开后，转中小火炖煮 90 分钟，或高压锅上汽后压 40 分钟。

春笋香菇浓汤

春笋是春季的时令食材，富含植物蛋白和纤维素，和香菇一起入汤味道鲜美。

用料
Ingredients

春笋 / 2 根　　　　姜 / 3 克
干香菇 / 10 克　　　白胡椒粉 / 1 克
鸡蛋 / 1 个　　　　盐、植物油、高
青菜 / 1 棵　　　　汤 / 适量
绿豆淀粉 / 10 克

做法
Steps

1. 绿豆淀粉里加入清水，搅拌均匀。干香菇提前泡发，挤干水分备用。

2. 香菇、春笋、青菜、姜，切细丝。炒锅里放适量油，开中大火，油热后倒入香菇丝、春笋丝、姜丝，翻炒出香味。

3. 倒入适量高汤（这里用的是猪骨汤）。放入盐和白胡椒粉调味，大火烧开后转小火煮 5 分钟。

4. 加入切细丝的青菜。倒入绿豆淀粉水，快速用汤勺混合均匀（淀粉水沉底的话，要先搅拌均匀再倒入汤里），再次沸腾后关火。

5. 关火后倒入打散的鸡蛋，快速搅动几下。静置 3 分钟左右，让余温使鸡蛋凝固，这样就可以得到轻盈的丝状蛋花啦！

好汤密语
Tips

1. 建议用绿豆淀粉、土豆淀粉来勾芡。如果用玉米淀粉勾芡，冷却后会变稀。

2. 溶化淀粉的水量要足够，否则下锅后容易形成面疙瘩。

3. 高汤用的是猪骨汤，其做法如下：猪棒骨 2 根，冷水入锅焯水后盛出。倒入高出猪棒骨 2 指节的沸水，放入姜、料酒、葱结，大火烧开后，中小火炖煮 90 分钟，或高压锅上汽后压 40 分钟即可。也可以用其他高汤。

番茄龙利鱼汤

酸甜的番茄汤中，加入口感滑嫩的龙利鱼，即使在炎炎夏日也能让人胃口大开。

用料
Ingredients

番茄 / 800 克
龙利鱼 / 500 克
金针菇 / 70 克
番茄酱 / 15 克
姜 / 2 片
料酒 / 10 毫升

白砂糖 / 2 克
黑胡椒粉 / 1 克
盐、玉米淀粉、植物油、香菜 /
适量

做法
Steps

1. 番茄顶部划"十"字，在热水里汆烫 30 秒。汆烫过的番茄去皮，切块儿备用。

2. 龙利鱼切粗条，放入料酒和少许盐，腌制 10 分钟。用厨房纸巾吸干水分后，裹上玉米淀粉。

3. 开中大火，不粘锅里倒入适量植物油，油热后放入龙利鱼条，两面略微煎黄即可，盛出备用。

4. 锅里倒入适量植物油，油热后倒入番茄酱和姜片，炒出红油。

5. 放入番茄，略翻炒，加入清水。

6. 加入适量盐和白砂糖调味，加入黑胡椒粉。沸腾后转小火，炖煮 10 分钟。

7. 放入金针菇，煮 1 分钟。

8. 放入煎香的龙利鱼条，继续煮 1~2 分钟即可。出锅后用香菜装饰。

/好汤密语/
Tips/

1. 龙利鱼裹上玉米淀粉煎一遍，煮的时候不容易碎开，味道也更香。

2. 白砂糖可以中和番茄的酸味，还有提味的作用，不要省略哦。

椰子汁乌鸡汤

椰子汁乌鸡汤是一道广东地区特色菜。椰子汁味道清香甘甜，富含矿物质，用椰子汁代替清水煲汤，再加入新鲜的椰肉，味道更加鲜美。

用料
Ingredients

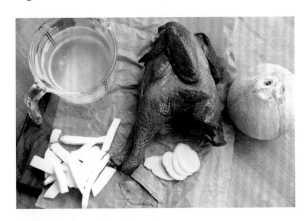

乌鸡 / 1 只

新鲜椰子汁 / 300 毫升

新鲜椰肉 / 250 克

姜 / 5 片

香叶 / 2 片

料酒 / 15 毫升

盐、迷迭香 / 适量

做法
Steps

1. 乌鸡处理干净内脏，切去头尾和多余的脂肪，放入锅中，加入没过乌鸡的清水、2 片姜、料酒。大火煮开后去除浮沫，将整鸡盛出。

2. 焯过水的乌鸡放入煲锅，加入 3 片姜、新鲜椰子汁、椰肉、香叶，倒入刚没过食材的沸水。

3. 大火烧开后，转小火炖煮 2 小时，最后 30 分钟放入适量盐调味，迷迭香装饰即可。

好汤密语
Tips

1. 这里用的是饲养了 2 年的乌鸡，如果用比较嫩的鸡，需要适当缩短炖煮时间。

2. 盐在最后 30 分钟再放入，这样鸡肉能充分入味，口感也不会发硬。

3. 如果炖锅无法放入整只乌鸡，可以斩成小块炖煮。

4. 买真空包装的新鲜椰肉，操作起来比较方便。

07
—
春

老鸭笋汤

老鸭属寒性，搭配春季的鲜笋，味道鲜美，有降火润肺的作用。

用料
Ingredients

老鸭 / 1 只	竹荪 / 15 克	姜 / 5 片
春笋 / 3 根	黄酒 / 10 毫升	盐 / 适量
干笋尖 / 20 克	枸杞 / 10 克	

做法
Steps

1. 干笋尖提前 5 小时泡发。

2. 竹荪提前 30 分钟泡发。

3. 老鸭处理干净内脏，切去尾巴和多余脂肪，放入锅中，加入没过老鸭的清水和 2 片姜。大火煮开后去除浮沫，盛出备用。

4. 焯过水的老鸭放入炖锅，加入泡发且洗净的干笋尖、竹荪，3 片姜、黄酒，倒入清水，大火烧开后转小火，煲 2 小时。

5. 加入滚刀砌成切块的春笋、枸杞、适量盐，继续煲 30 分钟即可。

好汤密语
Tips

1. 建议选用饲养 2 年以上的老鸭来煲汤。

2. 干笋尖、竹荪需要提前泡发。

01
夏

凉瓜黄豆排骨汤

凉瓜有清热解暑、明目解毒的功效，搭配黄豆和排骨，是夏季的下火良汤。

用料
Ingredients

猪肋排 / 500 克　　姜片 / 4 片

凉瓜（苦瓜）/ 1 根　料酒 / 10 毫升

干黄豆 / 40 克　　白胡椒 / 1 克

海虾米 / 20 克

做法
Steps

1. 凉瓜竖着对半切开，用勺挖去里面的瓜瓤。横着切成 2 厘米左右宽的小段，放入少量盐，翻拌均匀，腌制备用。

2. 干黄豆提前 3 小时泡发。

3. 猪肋排斩寸段后洗净，冷水入锅，放入 2 片姜、料酒，水开后去除表面浮沫，盛出备用。

4. 将焯过水的排骨、泡发的黄豆、海虾米、2 片姜、白胡椒放入汤锅，倒入适量开水（没过食材 2 指节左右），开大火煮开后转小火，盖上盖子，炖煮 60~80 分钟。

5. 将腌制后的苦瓜洗净，放入炖锅，加入适量盐调味，继续小火炖煮 20 分钟左右即可。

/好汤密语/
Tips/

1. 用的猪肋排是猪腹腔近肚腩部位的排骨，肋排肉质较厚，分布均匀，并带有白色软骨，用来煲汤口感很好。

2. 苦瓜炖煮前用盐稍微腌制一会儿，可适当减轻苦瓜苦涩的味道。

3. 建议汤锅里直接倒入开水，这样焯过水的排骨不会被冷水激到，炖煮出来更加软糯。

4. 海虾米本身有咸味，盐量要酌减。

紫菜番茄蛋花汤

加入烤香的紫菜,再用少许淀粉勾芡,普通的番茄蛋花汤也能完美升级。

用料
Ingredients

番茄 / 300 克

鸡蛋 / 2 个

紫菜 / 5 克

绿豆淀粉 / 5 克

清水(淀粉用)/ 50 毫升

盐、白砂糖、白胡椒粉、

植物油 、葱花 / 适量

做法
Steps

1. 将绿豆淀粉与 50 毫升水混合，搅拌均匀备用。开小火，不用放油，把紫菜放入锅里稍烤脆（颜色呈发亮的墨绿色即可）。

2. 番茄顶部划"十"字，用开水烫 3 分钟，去皮，切成滚刀块。

3. 炒锅里放适量植物油，油热后倒入番茄，炒出红油。

4. 倒入水，大火煮开后转小火，继续煮 5 分钟。放入烤脆的紫菜，倒入绿豆淀粉水（淀粉沉底的话，先搅拌均匀再倒入），快速搅拌均匀。加入适量盐、白砂糖、白胡椒粉调味，再次沸腾后关火。

5. 关火后马上倒入打散的鸡蛋，快速搅动几下，静置 3 分钟左右，让余温使鸡蛋凝固，这样就可以得到轻盈的丝状蛋花了。最后，撒葱花装饰。

好汤密语
Tips

1. 紫菜稍烤脆后，再拿来做汤，味道更香。

2. 建议用绿豆淀粉或土豆淀粉来勾芡。用玉米淀粉勾芡，冷却后浓稠度会下降。溶化淀粉的水量要足够，否则下锅后容易形成面疙瘩。

薄荷蛋花汤

这是一道很有云南特色的家常汤，薄荷不只可以用做香料，入汤也别有一番风味。薄荷有清热消暑的功效，很适合夏季食用。

用料
Ingredients

薄荷 / 100 克　　植物油 / 15 毫升
鸡蛋 / 2 个　　　盐、白砂糖、白胡
姜片 / 3 片　　　椒粉 / 适量

做法
Steps

1. 薄荷摘去老的部分，冲洗干净备用。锅里放入植物油，油热后加入姜片，略煎出香味。

2. 倒入清水。

3. 放入薄荷，烧开后继续煮 5 分钟。

4. 关火后马上倒入打散的鸡蛋，快速搅动几下，静置 3 分钟左右，让余温使鸡蛋凝固。

5. 加入适量盐、白砂糖、白胡椒粉调味，用薄荷装饰。

好汤密语
Tips

1. 薄荷老的部分要摘掉，留下能轻易掐断的部分。

2. 植物油建议用味道比较轻的，像葵花籽油、玉米油、葡萄籽油等。

酸腌菜土豆汤

云南特色家常汤。酸腌菜促进食欲，搭配土豆，和中养胃，简单的食材也能带来惊艳的口感。

用料
Ingredients

土豆 / 1 个
云南酸腌菜 / 60 克
姜丝 / 10 克

白砂糖、盐、植物油 /
适量

做法
Steps

1. 土豆去皮切薄片，洗去表面的淀粉，浸泡在清水中备用。

2. 锅里倒入适量植物油，油热后放入姜丝、云南酸腌菜，炒出香味，加入清水。

3. 放入土豆片及适量白砂糖、盐。

4. 中火煮 5 分钟，至土豆片变软即可，如果喜欢生脆口感，可以适当缩短炖
   煮时间。

好汤密语
Tips

云南酸腌菜本身有咸味，加入的盐要适量。

05
夏

日式味噌汤

　　鲜美的日式高汤，搭配丰富的食材，一碗小小的味噌汤里蕴藏大能量。

用料
Ingredients

扫码看视频

内酯豆腐 / 150 克　　　海带 / 20 克

蟹味菇 / 100 克　　　　干裙带菜 / 6 克

柴鱼片 / 35 克　　　　大葱 / 1 根

味噌酱 / 30 克

做法
Steps

1. 干裙带菜用清水泡发。

2. 蟹味菇切去根部，洗净备用。

3. 内酯豆腐切成骰子大小的方块，葱白切丝备用。

4. 锅里放入水，将海带擦去表面灰尘（不要冲洗），放入锅中浸泡 30 分钟。开中火加热，刚要沸腾时取出海带。

5. 放入柴鱼片，沸腾后打去浮沫，继续煮 5 分钟，过滤后得到日式高汤。

6. 日式高汤里依次加入蟹味菇、内酯豆腐、泡发的裙带菜，炖煮 5~7 分钟。味噌酱用 1:1 的清水调开。

7. 关火后，倒入调开的味噌酱，搅拌均匀即可，盛出后放上切好的葱丝。

好汤密语
Tips

1. 关火后，再倒入味噌酱，避免炖煮让味噌酱失去香味。

2. 干海带煮至刚要沸腾即可捞出，避免煮出黏液。

3. 味噌汤的食材还是很开放的，像白萝卜、炸豆腐、蘑菇、土豆、蛤蜊等都可以加入。

06
夏

番茄牛肉丸子汤

夏天应季的番茄酸甜可口，搭配香菜、牛肉丸子，消暑开胃，令人食欲大增。

用料
Ingredients

牛肉糜 / 300 克
番茄 / 3 个
豆芽 / 150 克
香菜 / 1 根
姜片 / 2 片
蛋清 / 15 克

料酒 / 15 毫升
酱油 / 10 毫升
淀粉 / 4 克
姜末 / 2 克
盐、白胡椒粉、白砂糖、植物
油 / 适量

做法
Steps

1. 牛肉糜里放入淀粉、蛋清、姜末、料酒、酱油、盐、白胡椒粉、白砂糖混合均匀。

2. 将混合后的牛肉糜放入搅拌机，搅拌上劲（也可以用筷子沿一个方向搅打上劲）。

3. 用手握住适量牛肉糜，从虎口挤出大小适中的丸子。挤好的丸子摆放整齐，冷藏备用。

4. 番茄在顶部划"十"字，放入热水里汆烫 30 秒左右，去皮，切小块备用。

5. 锅里倒入适量植物油，油热后放入姜片炒香，放入番茄，炒至番茄出汁。

6. 倒入清水，加入适量盐和白砂糖调味，煮开后继续煮 3 分钟。

7. 下入牛肉丸子。肉丸开始浮起后加入豆芽，沸腾后继续煮 1 分钟关火。将香菜切碎，出锅后撒入汤中。出锅后，用香菜叶装饰。

好汤密语
Tips

1. 建议用肥瘦比例 3:7 的牛肉糜。

2. 充分搅打上劲后再挤牛肉丸。

3. 如果不喜欢酸味，可以适当减少番茄的用量。

家常面疙瘩汤

　　菜、肉、主食一锅搞定，既可以作为汤羹，也可以作为主食，秋冬季的早餐，来上一碗热乎乎的面疙瘩汤，整个人都元气满满了。

用料
Ingredients

面粉 / 150 克   洋葱 / 半个

番茄 / 3 个   香菜 / 1 棵

土豆 / 100 克   白砂糖 / 2 克

胡萝卜 / 100 克   盐、黑胡椒粉、芝麻

鸡蛋 / 2 个   香油 / 适量

上海青 / 1 棵

做法
Steps

1. 番茄顶部划"十"字，放入热水里汆烫 30 秒左右，剥皮后切小块备用。胡萝卜、土豆、洋葱切小丁。

2. 开中火，锅烧热后放入洋葱丁、胡萝卜丁，炒至洋葱变透明。

3. 加入番茄略翻炒，倒入清水，沸腾后转中火；盖上盖子，煮 15 分钟左右。

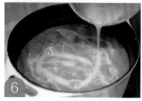

4. 利用煮汤的空档制作面疙瘩。面粉里加适量盐，一边搅拌，一边一点一点地加入清水，搅拌出小面疙瘩。

5. 在番茄汤中加入面疙瘩，快速用筷子拨散；加入土豆丁，放适量盐、黑胡椒粉、白砂糖调味。沸腾后再煮 3~5 分钟。

6. 鸡蛋打散，淋入锅中，待蛋液稍凝固后再用筷子搅动。

7. 放入切碎的上海青，再次煮沸后关火。

8. 淋入适量芝麻香油，撒上切碎的香菜末即可。

好汤密语
Tips

1. 搅面疙瘩时，水要少量多次加入，搅拌到水完全被吸收后，再次加入少量水。

2. 因为番茄较酸，不建议使用生铁锅。

3. 可根据个人喜好增减水量，调节疙瘩汤浓稠度。

4. 不喜欢酸味可以适当减少番茄量。芝麻香油是点睛之笔，不要省略哦。

酸汤肥牛

　　用 5 个番茄煮制的酸辣汤头，加入肥牛和蔬菜，营养开胃。搭配米饭和面条都是不错的选择。

用料
Ingredients

番茄 / 800 克（4~5 颗）　　大葱 / 半颗

肥牛 / 300 克　　　　　　　大蒜 / 1~2 瓣

金针菇 / 200 克　　　　　　料酒 / 10 毫升

土豆 / 1 个　　　　　　　　白砂糖 / 2~3 克

绿杭椒 / 2 个　　　　　　　盐、植物油、白芝麻、香菜

红杭椒 / 1 个　　　　　　　碎 / 适量

小米辣 / 1 个

姜片 / 2 片

做法
Steps

1. 土豆切片，所有辣椒切小圈儿。

2. 番茄在顶部划"十"字，在热水里氽烫 30 秒左右，去皮后切小丁。

3. 锅里注入清水，放上适量盐和料酒。开大火，水沸腾后少量多次地将肥牛焯水，肥牛开始变色后即可捞出。

4. 金针菇切去根蒂，冲洗干净，焯水备用。

5. 开中大火，锅里倒入适量植物油，油热后放入姜片、葱段、切好的蒜末、适量红绿杭椒和小米辣，炒香。

6. 放入番茄丁，炒至番茄变软。倒入清水，放入白砂糖和适量盐调味，转小火，盖盖儿炖煮 30 分钟，至番茄煮烂。

7. 用漏勺过滤番茄汤（不介意的话也可以省略此步骤）。

8. 将番茄汤锅放在火上，放入土豆片，沸腾后再煮 1 分钟。

9. 放入金针菇，再次沸腾后放入肥牛，咸味不够的话补加适量盐，沸腾后关火。出锅后撒上适量红绿杭椒、香菜碎和白芝麻。

好汤密语
Tips

1. 辣椒用量可以根据个人喜好增减。

2. 肥牛焯水时要少量多次下锅，不要一次性全部倒入，以免煮得太久影响口感。

蛤蜊冬瓜汤

　　秋季的蛤蜊肥嫩多汁，和有润肺功效的冬瓜一起做汤，在逐渐转寒的秋天再适合不过了。

用料
Ingredients

蛤蜊 / 300 克　　　　大葱 / 半根

冬瓜 / 200 克　　　　料酒 / 15 毫升

内酯豆腐 / 50 克　　　盐、香菜碎、白砂糖、

姜 / 3 片　　　　　　植物油 / 适量

做法
Steps

1. 蛤蜊吐干净沙后，用小刷子将外壳刷洗干净。

2. 内酯豆腐切块备用。

3. 开中火，锅里倒入适量植物油，油热后放入姜片、切好的葱丝炒香。倒入清水。

4. 水沸腾后，放入切片的冬瓜和内酯豆腐，加入适量盐和白砂糖调味，小火炖煮 3~5 分钟，倒入料酒。

5. 倒入处理好的蛤蜊，煮沸腾后，再煮至蛤蜊开口即可。出锅后撒上少许香菜碎。

/好汤密语/
Tips/

蛤蜊买回后，浸泡在盐水中，放入冰箱冷藏过夜，让蛤蜊把沙子吐干净。

冬瓜海带排骨汤

02
_____
秋

　　冬瓜、海带、排骨应该算汤品里的经典组合了，初秋的冬瓜口感软糯，并且有补水润肺的作用，很适合用来煲汤。

用料
Ingredients

猪肋排 / 500 克   料酒 / 10 毫升

冬瓜 / 350 克   姜片 / 4 片

海带 / 35 克（泡发前）   盐、白胡椒粉、香菜碎 /

海虾米 / 20 克   适量

做法
Steps

1. 干海带提前 4 小时泡发，泡发后冲洗掉表面的黏液，切菱形片备用。

2. 冬瓜去瓤，切 2 厘米左右的方块，备用。

3. 猪肋排斩寸段后洗净，冷水入锅，放入 2 片姜、料酒，水开后去除表面浮沫，盛出备用。

4. 将焯过水的排骨、海带、海虾米、2 片姜放入汤锅，倒入适量开水（超过食材 2 指节左右），开大火煮开后转小火，盖盖儿，炖煮 60~80 分钟。

5. 放入适量盐和白胡椒粉调味。

6. 倒入冬瓜块，继续小火炖煮 15 分钟左右。最后 5 分钟可以转大火，这样帮助油脂乳化，能炖出奶白色的汤。盛出后撒上适量香菜碎提味。

/好汤密语/
Tips/

1. 海带炖煮后口感软糯，如果喜欢脆一些的，可以晚 30 分钟再放入。如果用的是薄海带，需要适当缩短炖煮时间。

2. 选用的猪肋排是猪腹腔近肚腩部位的排骨，肉质较厚，分布均匀，并带有白色软骨，用来煲汤口感很好。

3. 建议汤锅里直接倒入开水，避免焯过水的排骨被冷水激到，这样炖煮出来更加软糯。

4. 海虾米本身有咸味，加入的盐量要掌握好。

03
秋

玉米胡萝卜排骨汤

　　看食材就知道是营养全面的绝佳搭配，排骨中加入玉米和胡萝卜小火慢炖，汤头中带着淡淡的甜味，色泽鲜艳，汤汁清澈。

用料
Ingredients

猪肋排 / 500 克　　　　白胡椒粉 /1 克
甜玉米 / 1 根　　　　　料酒 /10 毫升
胡萝卜 / 1~2 根　　　　盐、香菜碎 /适量
姜 / 4 片

做法
Steps

1. 胡萝卜削皮，切滚刀块，甜玉米切 2 厘米左右的小段。

2. 猪肋排斩寸段后洗净，冷水入锅，放入 2 片姜、料酒，水开后去除表面浮沫，盛出备用。

3. 将焯过水的排骨、玉米、胡萝卜、2 片姜放入汤锅，倒入适量开水（超过食材 2 指节左右），开大火煮开后转小火，盖上盖子。炖煮 90 分钟左右。（炖煮到 60 分钟时加入适量盐和白胡椒粉调味）。

4. 撒上适量香菜碎增加风味。

好汤密语
Tips

1. 建议汤锅里直接倒入开水，这样焯过水的排骨不会被冷水激到，炖煮出来更加软糯。

2. 最后撒上些香菜会很提味哦。

04
秋

土豆培根浓汤

奶香浓郁的土豆浓汤，在秋季能带给你满满的幸福感。

用料
Ingredients

土豆 / 250 克　　黄油 / 7 克
培根 / 1~2 片　　橄榄油 / 7 克
洋葱 50 / 克　　黑胡椒粉 / 1 克
淡奶油 50 / 克　　盐、鸡高汤（或清水）、香草
蘑菇 / 2~3 朵　　碎（百里香、薄荷等）/ 适量
大蒜 / 1 瓣　　炒香的培根碎、松露油 / 少许

做法
Steps

1. 土豆去皮，切成骰子大小的块；洋葱切小丁，大蒜切末，蘑菇切薄片，培根切小块，备用。

2. 开中火，锅热后，放入黄油和橄榄油，油热后倒入洋葱丁、大蒜末、口蘑片、培根块，翻炒出香味后加入适量盐和黑胡椒粉。

3. 加入土豆块，继续翻炒几下。倒入没过食材一指节的鸡高汤（或清水），加适量盐调味。大火煮开后转小火，炖煮 20 分钟左右。

4. 土豆煮至能用勺背轻易碾碎的程度。加入淡奶油，搅拌混合均匀，关火。

5. 用手持料理机（或破壁机），搅打成细腻的糊状。

6. 盛出后，用炒香的培根碎、黑胡椒粉、松露油、香草碎（百里香、薄荷等）等做装饰。

好汤密语
Tips

1. 培根本身有咸味，加入盐的分量要适度。

2. 倒入的鸡高汤（或清水）要没过食材 1 指节左右。

3. 洋葱建议用白洋葱，这样浓汤的颜色更漂亮。

05
秋

山药猪脚汤

女生都爱的美容汤，干燥秋季必备汤品。

用料
Ingredients

猪脚 / 1 只　　　　　料酒 / 15 毫升
山药 / 300 克　　　　姜 / 10 克
白芸豆 / 50 克　　　　白胡椒粉 / 1 克
黄豆 / 50 克　　　　　盐 / 适量
花生 / 50 克

做法
Steps

1. 白芸豆、黄豆、花生提前浸泡过夜，泡好的花生去皮。山药去皮切块备用。

2. 猪脚处理干净后剁大块，冷水入锅，加入一小块姜、料酒，煮沸后去除表面浮沫，盛出备用。

3. 砂锅中放入猪脚、泡发好的白芸豆、花生、黄豆、拍裂的姜，注入高出食材 3 指节的清水，烧开后转最小火，炖煮 3 小时。

4. 加入山药块，放适量盐和白胡椒粉调味，继续小火炖煮半小时即可。

好汤密语
Tips

1. 山药黏液里含植物碱，接触皮肤会刺痒，处理山药时记得戴手套哦。

2. 猪脚可以让商家帮忙烧一下，砍成大块，自己在家不太好操作。烧过的猪脚味道更香，毛也去得干净，但如果追求炖出奶白的猪脚，就不用烧了，自己处理干净即可。

3. 山药也可换成藕、芋头等食材。

杂菇土鸡汤

晒干的菌菇中富含更容易释放的天然鲜味剂鸟苷酸，和土鸡一起煲煮，无须太多调味品，就能得到一碗鲜美滋补的鸡汤。

06
秋

用料
Ingredients

土鸡 / 1 只

干小花菇 / 15 克

干香菇 / 15 克

干榛蘑 / 15 克

料酒 / 15 毫升

姜片 / 5 片

白胡椒粉 / 2 克

白砂糖 / 3 克

盐 / 适量

做法
Steps

1. 所有干菌菇用水泡发后，冲洗干净备用。

2. 将菌菇蒂部剪去，如果香菇、花菇个头比较大，可以切成合适的小块。

3. 整鸡处理干净，去除内脏，切去头尾和多余的脂肪，放入锅中，加入没过鸡的清水和 2 片姜。大火煮开后去除浮沫，将整鸡盛出，放入砂锅中。

4. 砂锅中加入泡发好的菌菇、剩余姜片、白胡椒粉、白砂糖和料酒。

5. 倒入没过食材的沸水，大火烧开后，转小火炖煮 2 小时。

6. 最后 30 分钟加入适量盐调味。

/好汤密语/
Tips

1. 土鸡建议选 2 年以上的母鸡（如果用比较嫩的鸡，需要适当缩短炖煮时间）。

2. 用干菌菇比新鲜菌菇炖煮出来味道更好。菌菇在晒干后，其中的核糖核酸更容易释放出来，更容易被水解为鸟苷酸，鸟苷酸就是菌菇鲜味的来源。

3. 如果喜欢，还可以加入适量红枣和枸杞一起炖煮。

4. 盐在最后 30 分钟再放入，这样鸡肉入味的同时，口感也不会发硬。

5. 如果砂锅无法放入整鸡，可以斩成小块炖煮。

白胡椒猪肚汤

白胡椒猪肚汤，加入了温肺益气的白果和白胡椒，汤头清淡微辣，具有散寒的功效，是秋季的养生滋补汤品。

用料
Ingredients

猪肚 / 300 克　　　　　　姜片 / 10 克

白果 / 80 克　　　　　　　白胡椒粉 / 1 克

花生 / 30 克　　　　　　　白砂糖 / 少许

料酒 / 15 毫升　　　　　　盐 、葱段 / 适量

白胡椒粒 / 10 颗

做法
Steps

1. 猪肚洗净，白果去壳去皮。花生去壳去皮，提前浸泡 3 小时备用。猪肚切条，冷水入锅，锅里放入料酒、葱段及部分姜片。大火煮开后，撇去浮沫，盛出备用。

2. 将焯过水的猪肚、白果、泡好的花生、白胡椒粒、白胡椒粉、剩余姜片、料酒、白砂糖放入炖锅，注入清水。

3. 沸腾后去除浮沫，转小火炖煮 2 个半小时。最后 30 分钟加入适量盐调味。

好汤密语
Tips

1. 猪肚买来后，去除多余油脂，剪开后用面粉和盐搓揉清洗 5~8 次，至水清澈没有黏液即可。

2. 花生和白果去壳后，可以在清水中浸泡一会儿，皮很容易就剥下来了。

3. 建议选用新鲜的白果，白果里面有个苦心，怕影响口感的话可以剔出。

4. 白胡椒的用量可根据个人喜好增减。

08

番茄牛腩汤

　　牛腩、番茄、土豆是经典的搭配组合，味道浓郁，能给秋天的人们带来满满的幸福感。搭配米饭或面条都是不错的选择。

用料
Ingredients

番茄 / 800 克	甜椒粉 / 10 克
胡萝卜 / 150 克	香叶 / 2 片
土豆 / 150 克	八角 / 1 粒
洋葱 / 100 克	黑胡椒粉 / 1 克
植物油 / 25 毫升	料酒 / 15 毫升
姜片 / 20 克	冰糖 / 10 克
大葱 / 15 克	干辣椒 / 3 克
大蒜 / 15 克	盐、香菜碎 / 适量
酱油 / 15 毫升	

做法
Steps

1. 将所有辛香料装盘备用。

2. 牛腩切 5 厘米左右的方块，胡萝卜、土豆、洋葱去皮，滚刀切块。

3. 在番茄顶部划"十"字，放入热水里氽烫 30 秒左右，去皮后分两份，一份切块，一份切小丁，备用。

4. 牛腩冷水下锅，放入葱段、两片姜和适量料酒，大火煮开后撇去浮沫，盛出备用。

5. 开中大火，锅里倒入 1 汤匙植物油，油热后放入剩余姜片、八角、香叶、大蒜、冰糖、干辣椒，炒香。

6. 放入沥干水的牛腩，加入酱油、料酒，翻炒上色后，盛出备用。

7. 锅里放入 1/2 汤匙植物油，倒入番茄丁，翻炒出汁。

8. 倒入牛腩、甜椒粉，加入没过牛腩两指节的开水，沸腾后盖盖儿，转小火炖煮 2 小时左右（可以视牛腩的软硬程度调整炖煮时间）。

9. 炖煮 2 小时后，加入洋葱块、胡萝卜块、土豆块，放入适量盐调味。继续炖煮 15 分钟。出锅前 10 分钟，加入切块的番茄和黑胡椒粉。出锅后放香菜碎点缀。

好汤密语
Tips

1. 牛腩尽量选择品质好的，肥瘦均匀相间的。牛腩在炖煮后会适当缩水，所以不要切太小。

2. 如果用高压锅，牛腩炖煮半小时后，加入土豆、胡萝卜后继续压 2~3 分钟即可。

3. 番茄的量可以根据喜好适当调整，追求浓郁味道的也可以加入适量番茄膏。甜椒粉有增加风味和上色的作用，不建议省略。

三文鱼莳萝汤

秋季的三文鱼最为肥美,和莳萝搭配,去腥解腻的同时,还增加了香草的风味。

用料
Ingredients

三文鱼 / 200 克　　　　料酒 / 15 毫升

胡萝卜 / 200 克　　　　黑胡椒粉 / 1 克

土豆 / 200 克　　　　　香叶 / 2 片

洋葱 / 50 克　　　　　白砂糖 / 少许

莳萝(茴香)/ 50 克　　盐、植物油 / 适量

淡奶油 / 40 克

做法
Steps

1. 胡萝卜、土豆切滚刀块，洋葱切方块。三文鱼切块，加入料酒和适量盐，放冰箱冷藏腌制 20 分钟。开中大火，锅热后倒入适量植物油，放入三文鱼块，煎至金黄，盛出备用。

2. 锅里的油不用倒出，放入洋葱块、胡萝卜块、香叶，炒至洋葱变透明。

3. 倒入清水，开中小火，沸腾后继续煮 7 分钟。

4. 放入土豆块、淡奶油、黑胡椒粉，放入适量盐和少许白砂糖调味。

5. 土豆煮熟后，放入煎好的三文鱼块，沸腾后继续煮 1 分钟，关火。撒上切碎的莳萝。

好汤密语
Tips

1. 三文鱼腌制时需要放入冰箱冷藏一段时间。

2. 建议用不粘锅煎三文鱼，以免鱼肉碎开。

南瓜浓汤

　　秋季的南瓜口感甜糯，且富含胡萝卜素，加入奶香浓郁的淡奶油，就能做成经典的西式浓汤。

用料
Ingredients

南瓜 / 300 克　　　　　大蒜 / 1 瓣

淡奶油 / 60 克　　　　　植物油 / 15 毫升

胡萝卜 / 50 克　　　　　黑胡椒 / 1 克

洋葱 / 50 克　　　　　　盐、百里香 / 适量

做法
Steps

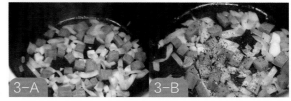

1. 南瓜去皮去瓤，切成骰子大小的块。

2. 胡萝卜、洋葱、大蒜切小碎丁，备用。

3. 开中火，锅烧热后，倒入植物油，放入切碎的胡萝卜、洋葱、大蒜，翻炒出香味后，加入适量黑胡椒。

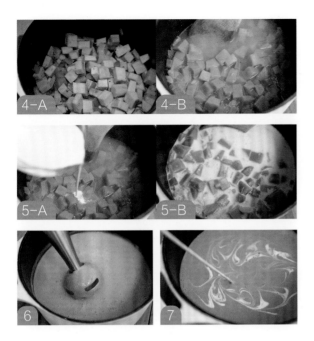

4. 加入南瓜块，继续翻炒几下。倒入与南瓜齐平的水，加入适量盐和黑胡椒调味。大火煮开后转小火，炖煮 20 分钟左右。

5. 南瓜煮至可以轻易用勺背碾碎的程度，加入淡奶油，搅拌混合均匀后关火。

6. 用手持料理机（或破壁机），搅打成细腻的糊状。

7. 盛出后，用勺子将淡奶油点在南瓜浓汤上，用竹签随意搅动，画出自己喜欢的花纹。用适量黑胡椒和百里香做装饰。

/好汤密语/
Tips/

1. 南瓜一定要炖煮软（可以用勺背轻易碾碎的程度），这样才能做出口感细腻的浓汤。南瓜尽量切成小块，可以节省炖煮的时间。

2. 加入的水量不要太多，和南瓜齐平或刚刚淹没过南瓜即可。

3. 手持料理机、破壁机都可以搅打出细腻的南瓜糊。不建议用小功率的果汁机，这样打出的南瓜糊会比较粗糙。

11
秋

冬瓜丸子粉丝汤

自制肉丸的加入，让家常的冬瓜粉丝汤华丽升级，清爽的汤头，
在干燥的秋天来上一碗，一定胃口大开。

用料
Ingredients

冬瓜 / 300 克	姜 / 2 片
猪肉糜 / 250 克	蛋清 / 10 克
豆腐 / 80 克	姜末 / 2 克
粉丝 / 50 克	白胡椒粉 / 1 克
料酒 / 10 毫升	白砂糖 / 少许
淀粉 / 10 克	盐、香菜碎 / 适量

做法
Steps

1. 猪肉糜里放入豆腐、蛋清、淀粉、盐、白胡椒粉、白砂糖、料酒、姜末。

2. 用筷子沿一个方向搅打上劲。

3. 用手握住肉糜，从虎口挤出大小适中的丸子，摆放整齐，冷藏备用。

4. 粉丝提前浸泡 20 分钟。

5. 冬瓜去皮去瓤，切片备用。

6. 锅里倒入清水，放入姜片和冬瓜。

7. 水沸腾后，下入丸子。加入适量盐调味。

8. 放入泡好的粉丝，沸腾后继续煮半分钟，关火，加入适量白胡椒粉、香菜碎调味。

好汤密语
Tips

如果喜欢浓郁味道，可以用高汤代替清水。

胡辣汤

胡辣汤是河南的特色汤羹小吃，酸辣鲜香，食材丰富，味道浓郁。

01
冬

用料
Ingredients

面粉 / 100 克	醋 / 10 毫升
卤牛肉 / 70 克	酱油 / 10 毫升
干黄花菜 / 10 克	白胡椒粉 / 2 克
干木耳 / 10 克	十三香 / 1 克
干豆腐皮 / 10 克	白砂糖 / 1 克
干海带 / 10 克	香菜 / 1 棵
干粉条 / 10 克	盐、姜丝、葱丝、植物油、芝麻油 / 适量

做法
Steps

1. 卤牛肉切片，干海带提前浸泡过夜，干黄花菜、干木耳提前浸泡 2 小时，干粉条、干豆腐皮提前浸泡 30 分钟。泡好的海带和豆腐皮切丝。

2. 一边搅动干面粉，一边加入清水，先搅拌成面絮，再揉成一个光滑的面团。

3. 面团盖上保鲜膜醒发 1 小时。将面团放入碗中，加入水，反复搓洗 5~10 分钟。最终将面筋洗出，面粉水留用。

4. 锅里倒入适量植物油，油热后放入葱、姜丝炒香，倒入清水。

5. 水沸腾后放入卤牛肉片、海带丝、黄花菜、豆腐丝。

6. 再次沸腾后，将面筋揪成片，放入锅中。

7. 加入适量盐、白砂糖、十三香调味，煮 3~5 分钟。放入粉条、木耳，倒入酱油、醋调味。

8. 一勺一勺加入洗面筋剩下的面粉水，直到汤汁达到自己喜欢的浓稠度，再加入白胡椒粉。

9. 关火后撒上切好的香菜碎，淋上几滴芝麻油。

/好汤密语/
Tips/

1. 卤牛肉可以买市售的，也可以自己制作。制作的方法是：牛腱肉冷水入锅，放入姜片和料酒，焯水备用。炖锅里放入香叶、冰糖、姜、花椒、桂皮、八角、酱油、白酒、焯过水的牛腱肉，倒入没过牛腱肉 2 指节的清水，烧开后转中小火炖煮 1 小时，放入适量盐调味，继续炖煮 40 分钟，炖好后让牛腱肉在卤汁里浸泡一夜。

2. 揉好的面团醒发 1 小时，有助于洗出面筋。

02
___
冬

蘑菇奶油浓汤

鲜美的蘑菇搭配奶香浓郁的淡奶油，绝对温暖的口感，再搭配一块烤香的面包，冬天也可以很温暖。

用料
Ingredients

扫码看视频

蘑菇 / 350 克　　　　　黄油 / 10 克

香菇 /50 克　　　　　　橄榄油 / 10 毫升

茶树菇 /50 克　　　　　大蒜 / 1 瓣

洋葱（或京葱）/ 70 克　黑胡椒粉 / 1 克

淡奶油 / 60 克　　　　　鸡高汤、盐、百里香 / 适量

做法
Steps

1. 蘑菇洗净沥干水，切薄片备用。预留几片形状漂亮的蘑菇，做装饰用。

2. 洋葱切小丁，大蒜切末。开中火，锅热后，放入黄油和橄榄油，油热后倒入洋葱丁、大蒜末，翻炒出香味后加入适量黑胡椒粉。

3. 倒入蘑菇片，加入适量盐，继续翻炒，炒至蘑菇开始出水。

4. 加入没过食材的鸡高汤。沸腾后用漏勺去除表面浮沫，盖盖儿，转小火，继续炖煮 15 分钟左右。

5. 加入淡奶油，咸味不够的话，再加入适量盐调味，沸腾后关火。

6. 用手持料理机（或破壁机），搅打成细腻的浓汤。

7. 炖煮蘑菇的同时，把装饰用的蘑菇充分沥干水分，淋上少许橄榄油，加入适量盐、黑胡椒粉，放入预热到 200°C 的烤箱，上层烤 10 分钟左右（也可以用平底锅煎香）。

8. 奶油蘑菇浓汤装盘，用烤香的蘑菇和百里香做装饰。

／好汤密语／
Tips

1. 可以将蘑菇换成香菇或茶树菇，也可以换成其他自己喜欢的菌菇。

2. 装饰用的蘑菇，煎或烤之前要沥干水分，每片蘑菇不要重叠，才能烤出金黄色。

白萝卜牛尾汤

　　俗话说："冬天萝卜赛人参"，萝卜味甘性凉，冬季吃白萝卜可以润肺去燥，和富含胶原蛋白牛尾一起煲汤，再搭配性温的姜片，有御寒滋补的作用。

用料
Ingredients

牛尾 / 500 克　　　　大葱 / 2 棵

白萝卜 / 400 克　　　大蒜 / 2 瓣

枸杞 / 10 克　　　　白胡椒 / 2 克

姜片 / 5 片　　　　　白砂糖 / 3 克

料酒 / 8 毫升　　　　盐 / 适量

做法
Steps

1. 牛尾提前在清水中浸泡 2 小时，泡出血水（期间可以换 2~3 次水）。

2. 牛尾冷水入锅，放入 2 片姜，水开后去除浮沫，盛出备用。

3. 将焯过水的牛尾放入砂锅，加入 3 片姜、一棵葱白、大蒜、料酒、白胡椒、白砂糖，注入没过牛尾 3~4 指节的开水，大火烧开后转小火煲 3 小时左右（因为炖煮时间比较长，水要一次性加够，避免中途再加水）。

4. 加入切成片状的白萝卜、枸杞、适量盐，继续小火炖煮 40 分钟左右。

5. 将另一棵大葱切丝。

6. 把葱丝放在清水中漂洗一遍，然后放入牛尾汤中（大葱会很提味，不要省略哦）。

好汤密语
Tips

1. 牛尾骨头比较硬，不容易砍断，建议购买已经砍成小段的牛尾。

2. 牛尾汤需要煲煮 3~4 小时才会软烂。如果用高压锅需要压 1 小时左右。

3. 牛尾的味道比较重，需要事先浸泡出血水，接着焯水后再炖煮。

04
——
冬

萝卜羊肉粉丝汤

多吃羊肉不怕寒，冬季一定少不了羊肉呀！羊肉肉质细嫩，易消化，高蛋白低脂肪，搭配冬天最水灵的白萝卜，最是滋补。一碗热气腾腾的萝卜羊肉粉丝汤下肚，整个人都暖和了。

用料
Ingredients

羊排骨 / 500 克   料酒 / 10 毫升
白萝卜 / 500 克   白胡椒粉 / 少许
粉丝 / 50 克   盐、香菜碎 / 适量
姜 / 5 片

做法
Steps

1. 羊排骨放入清水中浸泡 2 小时，中间更换 1~2 次清水。

2. 羊排骨冷水入锅，放入料酒和 2 片姜。开大火，沸腾后去除浮沫，将羊排骨盛出备用。将羊排骨和 3 片姜放入炖锅，注入高出食材 3 指节的沸水。大火烧开后转小火炖煮 60 分钟，放入适量盐和白胡椒粉调味，继续炖煮 30 分钟。

3. 白萝卜去皮切滚刀块。

4. 粉丝浸泡 30 分钟。

5. 羊排骨锅里放入白萝卜块，炖煮 15 分钟。放入粉丝，煮软即可。出锅后放上适量香菜碎提味。

好汤密语
Tips

羊排骨提前浸泡 2 小时，可减少羊膻味。

韩式泡菜汤

酸辣爽口的韩国泡菜，加入五花肉、菌菇、豆腐一起小火炖煮，配上碗白米饭，在寒冷的冬天，太令人满足了。

05
冬

用料
Ingredients

韩国泡菜 / 半棵	豆瓣酱 / 30 克
金针菇 / 100 克	大葱 / 半棵
五花肉 / 70 克	大蒜 / 3 瓣
香菇 / 4 朵	白砂糖 / 2 克
内酯豆腐 / 50 克	料酒 / 5 毫升
韩国辣酱 / 40 克	盐、淘米水、植物油、白芝麻 / 适量

做法
Steps

1. 五花肉切薄片，放入料酒、适量盐、少许白砂糖腌制 15 分钟。

2. 炒锅里倒入适量植物油，油热后放入拍碎的大蒜和切好的葱丝炒香，放入切薄片的五花肉，炒至变色。

3. 放入切成段的泡菜，略翻炒。

4. 将炒好的泡菜五花肉转移到砂锅中，倒入适量淘米水。

5. 放入韩国辣酱和豆瓣酱。

6. 加入适量盐和白砂糖调味，沸腾后转小火炖煮 5 分钟。

7. 香菇切片，金针菇去根蒂后洗净，内酯豆腐切片，一起放入砂锅中。沸腾后炖煮 3~5 分钟即可。

8. 关火后放上适量葱丝及白芝麻。

/好汤密语/
Tips

1. 不要用第一道淘米水，如果没有淘米水，可以用 1 克淀粉勾芡。

2. 五花肉片不要切得太厚。

3. 可根据个人喜好，选择发酵程度不同的韩国泡菜（发酵越久，酸度越高）。

鲫鱼萝卜丝汤

鲫鱼富含优质蛋白，易消化吸收，和细萝卜丝一起煲汤，汤汁浓郁奶白，营养美味。

用料
Ingredients

鲫鱼 / 2 条　　　　料酒 / 5 毫升

白萝卜 / 500 克　　白胡椒粉 / 1 克

植物油 / 30 毫升　　白砂糖 / 少许

淀粉 / 20 克　　　　盐、香菜碎 / 适量

姜 / 2 片

做法
Steps

1. 鲫鱼去鳞、鱼鳃、内脏，肚子里的黑膜也要全部去除。

2. 白萝卜刮丝或切丝。

3. 鲫鱼沥干水分，两面薄薄地撒上一层淀粉。

4. 开中火，锅里放入植物油，油开始冒烟时，放入鲫鱼和姜片，每面煎 3~4 分钟。

5. 鲫鱼两面煎好后，淋上一勺料酒，倒入没过鲫鱼 1 指节的沸水。大火煮 5 分钟。

6. 盖上锅盖儿，转小火继续煮 15 分钟。

7. 加入萝卜丝、盐、白胡椒粉、白砂糖，继续小火煮 3~5 分钟。

8. 出锅后撒上适量香菜碎。

好汤密语
Tips

1. 煎鲫鱼时裹上一层淀粉，可以避免粘锅，保持鱼皮完整，煎出来味道也更香。

2. 煎鱼可以用不粘锅，普通锅要用姜先擦一遍锅底，能够起到防粘的作用，油热后再放入鲫鱼。

3. 要加入沸水，这样油脂能充分乳化，汤会更加乳白。

魔芋结肥牛汤

肥牛真是家里必备的救场食材，不用复杂的料理，就能撑住场面。加入吸油解腻的魔芋结一起炖煮，让食材和口感都更加丰富。

扫码看视频

用料
Ingredients

肥牛 / 250 克　　　　　大蒜 / 2 瓣

魔芋结 / 200 克　　　　红糖 / 5 克

土豆 / 1 个　　　　　　姜片 / 2 片

胡萝卜 / 1 根　　　　　白胡椒粉 / 1 克

洋葱 / 半个　　　　　　盐、植物油、葱花 / 适量

酱油 / 15 毫升

做法
Steps

1. 肥牛装盘备用。土豆、胡萝卜去皮，切滚刀块；洋葱切方块。

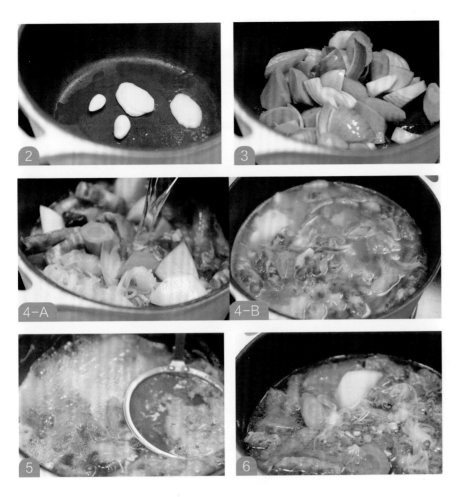

2. 开中火，锅烧热后倒入适量植物油，放入姜片、大蒜炒香。

3. 放入胡萝卜、洋葱翻炒出香味。加入肥牛、土豆、魔芋结、红糖、酱油，
   略翻炒。

4. 加入和食材齐平的水，放入白胡椒粉和盐调味。

5. 大火烧开后，去除浮沫。

6. 改中小火炖煮 10 分钟左右，至土豆、萝卜变软即可。最后，撒葱花装饰。

/好汤密语/
Tips/

胡萝卜比较难煮软，建议块儿切小一些。

酸菜猪肉粉条汤

经典的东北炖菜，东北酸菜加上猪五花肉，亦菜亦汤，是冬季必备的汤菜。

用料
Ingredients

猪五花肉 / 200 克　　桂皮 / 少许

东北酸菜 / 170 克　　干辣椒 / 2 个

粉条 / 60 克　　　　料酒 / 10 毫升

大葱 / 1 棵　　　　酱油 / 10 毫升

姜 / 4 片　　　　　白砂糖 / 7 克

大蒜 / 4 瓣　　　　白胡椒粉 /1 克

八角 / 1 粒　　　　盐、植物油、葱花 /
适量
香叶 / 2 片

做法
Steps

1. 将酸菜冲洗干净，挤干水分后切细丝，五花肉切片，粉条提前浸泡 30 分钟。准备好辛香料。

2. 锅里放入适量植物油，油热后放入切好的葱、姜、蒜及桂皮、八角、香叶、干辣椒炒香。

3. 放入五花肉，翻炒至断生。

4. 放入酸菜，炒出香味。倒入开水，加入酱油、适量盐、白胡椒粉、白砂糖调味，大火煮开后，转中小火，炖煮 15 分钟。

5. 加入泡好的粉条，继续煮 3~5 分钟，至粉条煮软即可。最后，撒葱花装饰。

好汤密语
Tips

建议选用腌制时间长，酸度高的东北酸菜。

萝卜丝肉末汤

简便快捷的家常汤品，白萝卜清甜可口，搭配炒香的猪肉糜和姜，透着淡淡的辛辣味，朴素的食材也能做出惊艳的味道。

用料
Ingredients

白萝卜 / 400 克
猪肉糜 / 50 克
姜 / 3 片
料酒 / 10 毫升

白胡椒粉 / 1 克
白砂糖 / 少许
香菜碎、盐、植物油 / 适量

做法
Steps

1. 猪肉糜加入料酒、盐、白砂糖腌制 10 分钟。白萝卜去皮，切成细丝备用。

2. 开中大火，炒锅烧热后倒入植物油，加入姜片和猪肉糜，翻炒至猪肉变色，
   倒入开水。

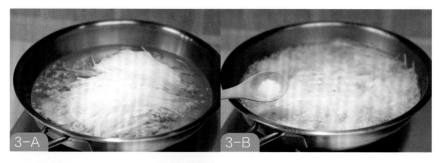

3. 加入萝卜丝，大火烧开后，转中小火炖煮 10~15 分钟，至萝卜丝煮软。
   加入盐调味。

4. 加入白胡椒粉。出锅后撒上香菜碎。

好汤密语
Tips

出锅后撒上适量香菜碎，会很提味。

什锦田园蔬菜汤

　　夏季各种新鲜时蔬纷纷上市，一碗五颜六色的什锦蔬菜汤，搭配番茄酸甜的底汤，再应景不过了。

用料
Ingredients

番茄 / 2 个
洋葱 / 半个
蘑菇（香菇、口蘑均可）/ 4 朵
青菜（小白菜、生菜、包菜均可）/ 3 棵

荷兰豆 / 8 个
胡萝 / 半根
植物油、盐、白胡椒粉、开水 / 适量

做法
Steps

1. 所有食材清洗干净后，番茄去皮切块，洋葱切丝，胡萝卜切片，蘑菇切片，荷兰豆掐头去尾，扯掉两侧的豆丝，青菜去根备用。

2. 开中大火，锅里倒入少许植物油，放入洋葱丝、蘑菇片、胡萝卜片、番茄块，炒出香味。

3. 倒入没过食材的开水。

4. 加入适量盐和白胡椒粉调味。

5. 煮至胡萝卜片变软后，加入青菜和荷兰豆。

6. 继续炖煮 3~5 分钟即可。

粥 Porridge

清晨，胃总是醒得很慢，所以每天的第一口食
物通常是从粥开始。 简单的食材，也不用太多
的烹饪技巧，一碗清爽软糯的米粥才是最对胃
口的。其实看似低调的粥，也能变换出很多小
花样：加入了玫瑰红糖的冰稀饭，用芋头、苦
菜和肉糜熬煮的咸粥，或者配合季节变换，在
粥里放入一些应季的食材，都是不错的选择。

美龄粥

南京著名小吃，豆浆搭配应季的山药，是适合春季滋补的粥品。

用料
Ingredients

豆浆 / 800 毫升　　糯米 / 80 克
清水 / 300 毫升　　大米 / 30 克
山药 / 150 克　　　枸杞、冰糖 / 适量

做法
Steps

1. 枸杞泡发备用。糯米、大米洗净后，提前浸泡 1 小时。

2. 山药去皮切段，蒸熟备用。

3. 蒸好的山药压成泥。

4. 砂锅里放入山药泥、泡好的糯米、大米、冰糖，注入清水和豆浆。煮沸后转小火，煮 40~50 分钟即可。盛出后放上几粒泡发的枸杞。

好汤密语
Tips

1. 豆浆要过滤出豆渣后再使用。

2. 熬煮时容易扑锅，要留意哦。

02
春

红豆薏米粥

薏米祛湿、消水肿，搭配红小豆，美容滋补，是很适合梅雨季的粥。

用料
Ingredients

红小豆 / 60 克 黑糖 / 30 克
薏米 / 50 克 清水 / 1100 毫升
糯米 / 40 克

做法
Steps

1. 红小豆提前浸泡过夜，薏米提前浸泡 2 小时，糯米洗净后浸泡 30 分钟。

2. 砂锅里放入泡好的红小豆、薏米、糯米和红糖。

3. 加入清水。

4. 大火烧开后，盖上盖子，转小火熬煮 90~120 分钟，至红小豆酥烂。

好汤密语
Tips

1. 建议提前浸泡红小豆和薏米，这样可以缩短熬煮时间。

2. 黑糖的量可以根据个人喜好增减。

03
春

鲜虾蔬菜粥

应季的芹菜，搭配鲜美的大虾，清爽的口感，就是春天的味道了。

用料
Ingredients

大虾 / 300 克	白砂糖 / 少许
大米 / 100 克	黑胡椒粉 / 1 克
胡萝卜 / 20 克	姜 / 4 片
水芹菜 / 20 克	清水 / 1100 毫升
料酒 / 10 毫升	盐、植物油 、香油 / 适量

做法
Steps

1. 大虾冲洗干净后去头去壳，用厨房纸吸干水分，入油锅小火炸 15~20 分钟。得到红色的虾油，过滤一遍。

2. 虾肉开背去虾线，放入料酒、适量盐、2 片姜切丝、白砂糖，放冰箱冷藏腌制 20 分钟。

3. 大米淘洗干净后，倒入清水浸泡 30 分钟，放入 2 片姜，几滴香油，大火
   煮开后转小火煮 40 分钟。

4. 放入切成末的胡萝卜和水芹菜。加入适量盐、黑胡椒粉调味。

5. 放入腌制好的大虾，煮熟变色即可关火。

6. 滴入适量虾油。

好汤密语
Tips

大虾可以用美极虾或竹节虾，熬虾油要小火慢慢熬。

春笋鸡丝泡饭

春笋是春季不可多得的美味，搭配海虾米和鸡丝，隔夜米饭也能华丽变身。

用料
Ingredients

春笋 / 2 根
鸡胸肉 / 半块
剩米饭 / 300 克
海虾米 / 7 克
榨菜 / 7 克
姜 / 2 片

香菜 / 1 根
白胡椒粉 / 1 克
高汤 / 700 毫升
盐、植物油、料酒、烤熟的
白芝麻、芝麻香油 / 适量

做法
Steps

1. 鸡胸肉冷水入锅，加入姜片、料酒、适量盐，沸腾后中小火煮15分钟，至鸡肉熟透。待鸡胸肉冷却后，撕成细丝。春笋、榨菜切细丝，海虾米提前浸泡5分钟，沥干备用。

2. 锅里倒入适量植物油，油热后放入榨菜丝和海虾米，翻炒出香味。

3. 放入鸡丝和春笋丝略翻炒，倒入高汤，放入适量盐和白胡椒粉调味，沸腾后加入剩米饭。

4. 再次沸腾后，煮1分钟即可。出锅后撒上切好的香菜碎、烤熟的白芝麻，淋上几滴芝麻香油。

/ 好汤密语 /
Tips /

出锅后撒上香菜碎、白芝麻，淋上几滴芝麻香油会很提味。

米布粥

米布是云南地区的特色小吃，在大米粉中加入牛奶，慢慢煮至浓稠，奶香浓郁，制作起来也十分简便快捷。

05
春

用料
Ingredients

牛奶 / 500 毫升　　　白砂糖 / 15 克

大米粉 / 45 克　　　　炒香的白芝麻 / 适量

做法
Steps

1. 将牛奶、大米粉、白砂糖在锅里混合。

2. 用手动搅拌器搅拌至没有干粉。

3. 开小火，一边搅拌一边加热，沸腾后继续加热 1~2 分钟。盛出后撒上适量炒香的白芝麻装饰。

/好汤密语/
Tips

1. 建议用底稍厚的锅，以免煳锅。

2. 所有食材混合后，要搅拌至没有干粉再开始加热。

06
春

芹菜牛肉粥

芹菜有降血压、血脂，镇静安神的作用，搭配低脂的牛里脊，鲜美可口。

用料
Ingredients

大米 / 100 克

牛里脊 / 80 克

芹菜 / 40 克

胡萝卜 / 30 克

姜片 / 1 片

料酒 / 10 毫升

酱油 / 10 毫升

玉米淀粉 / 3 克

清水 / 1200 毫升

盐、白胡椒粉、白砂糖、
芝麻油 / 适量

做法
Steps

1. 牛里脊肉切细丝或肉末，放入料酒、酱油、玉米淀粉、适量盐、白砂糖调味，腌制备用。

2. 大米淘洗干净后注入清水，浸泡 30 分钟。锅里加入姜片、几滴芝麻油，大火煮开后转小火煮 40 分钟。

3. 芹菜洗净后切末，胡萝卜洗净去皮后切尽量小的丁。

4. 将芹菜末和胡萝卜丁放入粥锅里，继续小火煮 3 分钟。加入盐、白胡椒粉、白砂糖调味。

5. 放入腌制好的牛肉丝，快速拨散，沸腾后关火即可。

好汤密语
Tips

1. 牛肉建议选里脊这样比较嫩的部位。牛肉丝不要煮太久，以免影响口感。

2. 芹菜可以根据自己的喜好，选择水芹或西芹。

07
春

黑芝麻糙米粥

春季吃黑芝麻有助于肝脏健康，同时可以起到养发的作用。糙米富含粗纤维，搭配糯米做成甜粥，是春季的养生粥品。

用料
Ingredients

黑芝麻 / 30 克
糙米 / 30 克
糯米 / 60 克

清水 / 1000 毫升
红糖 / 适量

做法
Steps

1. 将黑芝麻、糯米、糙米放入平底锅，开小火翻炒至食材开始发出噼里啪啦的响声，关火，立刻把食材盛出来。

2. 所有食材淘洗干净后放入砂锅，注入清水，浸泡 30 分钟。

3. 放入红糖，大火煮沸后，转小火煮 1 小时即可。

1. 将黑芝麻、糯米、糙米稍炒香后再煲粥，味道会更香。炒的时候全程用小火，待食材发出噼里啪啦的声音后立即关火盛出，否则炒过头会有苦味。

2. 红糖的用量可根据个人喜好调整。

01
——
夏

雪梨薏米桂花羹

　　雪梨可以润肺止咳，搭配养阴生津的冰糖和祛湿的薏米，夏季来一碗，清热健脾，十分解暑。

用料
Ingredients

雪梨 / 150 克　　　银耳 / 40 克

薏米 / 50 克　　　干桂花 / 2 克

冰糖 / 40 克　　　清水 / 1000 毫升

做法
Steps

1. 薏米提前浸泡 3 小时，雪梨切块，银耳冲洗去沙粒，剪成小块。炖锅里放入雪梨块、薏米、银耳、干桂花（花可以保留一些，最后做装饰用），加入适量清水。

2. 放入冰糖，中小火炖煮 1.5~2 小时。

3. 放至冷却，盛出后撒上少许干桂花做装饰。

好汤密语
Tips

1. 薏米需要提前浸泡 3 小时左右。

2. 冰糖的用量可以根据个人喜好调整。

3. 夏天冷藏后食用，更加清凉解暑。

玫瑰红糖冰稀饭

冰稀饭是云南人夏季的必备美食，冰镇过的糯米粥，搭配玫瑰红糖和水果，应该是和夏天最搭的粥了。

用料
Ingredients

红糖 / 100 克
干玫瑰花 / 7 克
沸水 / 500 毫升
糯米 / 100 克

清水 / 1100 毫升
西瓜、芒果、炒香的黑、
白芝麻 / 适量

做法
Steps

1. 干玫瑰花放入小锅中，倒入沸水，浸泡 30 分钟，将干玫瑰花泡发。

2. 将红糖放入玫瑰花水中，开中小火煮 5~7 分钟，制成玫瑰红糖浆。

3. 糯米淘洗干净后，浸泡 30 分钟。放入锅中，大火煮开后，转小火炖煮 40 分钟，中间要适时搅动。

4. 西瓜和芒果切小丁。

5. 糯米粥冷却后，放冰箱冷藏 1 小时。冷藏后倒入玫瑰红糖浆，码放上西瓜、芒果丁，撒上适量炒香的黑、白芝麻即可。

好汤密语 / Tips /

1. 糯米粥冷藏后再淋上玫瑰红糖浆，味道更好。

2. 玫瑰花要先用沸水泡开，再和红糖同煮。

3. 芒果和西瓜，也可以换成其他自己喜欢的水果。

紫米醪糟粥

紫米的软糯，加上醪糟的微酸和酒香，产生酸甜的口感，别有一番风味。

用料
Ingredients

紫米 / 100 克   枸杞 / 10 克
醪糟 / 150 克   清水 / 700 毫升

做法
Steps

1. 紫米和枸杞淘洗干净，将所有食材放入煲锅，倒入清水，浸泡 30 分钟（可根据浓稠度的喜好调节水量）。

2. 大火烧开后转小火，煲煮 50 分钟左右。

/好汤密语/
Tips/

如果喜欢浓稠的粥，可以加入适量糯米一起煮。

绿豆百合莲子粥

04
夏

绿豆清热解暑，百合性微寒，两者搭配，给炎热的夏天带来一丝凉意。

用料
Ingredients

薏米 / 70 克　　　　　莲子 / 30 克

绿豆 / 70 克　　　　　清水 / 1000 毫升

百合 / 30 克　　　　　冰糖、百里香 / 适量

做法
Steps

1. 莲子去苦心。将所有食材淘洗干净，放入煲锅，注入清水，浸泡 3 小时。

2. 大火煮开后转小火煲煮 80 分钟，至绿豆酥软即可。最后，放百里香装饰。

好汤密语
Tips

1. 如果用的是新鲜的百合、莲子，则无须浸泡，直接洗净煮熟即可。

2. 将所有食材浸泡 3 小时，可以缩短煲煮时间。

云南稀豆粉

　　夏季早晨,来上一碗老云南的咸口稀豆粉,姜汁的微辣,让人食欲大开,配上一根油条,顿时就能幸福感"爆棚"。

用料
Ingredients

豌豆面 / 70 克
清水（和豌豆面用）/ 120 毫升
清水（做汤用）/ 400 毫升
姜蒜水 / 30 毫升
酱油 / 20 毫升

醋 / 5 毫升
白砂糖 / 少许
辣椒油、盐、油条、香菜碎、花生 / 适量

做法
Steps

1. 油条剪成小段。花生用烤箱 160℃ 烤 7~10 分钟，去皮后捣碎备用。

2. 豌豆面里加入 120 毫升清水、适量盐、少许白砂糖，搅拌至没有干粉。

3. 汤锅里放入 400 毫升清水，沸腾后转小火，倒入豌豆面糊，一边加热一边快速搅拌，沸腾后继续煮 5 分钟，至豌豆面糊变为稀豆粉并熟透。

4. 盛出稀豆粉，倒入辣椒油、姜蒜水、酱油、醋，放上油条段、香菜碎、花生碎。

好汤密语
Tips

1. 豌豆面要先用水调开，搅拌至没有干粉的状态。水的量可以根据具体情况调整。

2. 稀豆粉要充分煮熟，不然会有生豆的腥味。

3. 一定要放油条哦，和稀豆粉超配。

4. 姜蒜水做法：姜和蒜切末，倒入适量清水调和即成。

06
___
夏

瑶柱粥

瑶柱味道鲜美，富含蛋白质，作为清淡的粥品，很适合夏天享用，搭配几样小咸菜，十分开胃爽口。

用料
Ingredients

大米 / 100 克	姜丝 / 3 克
瑶柱 / 25 克	白胡椒粉 / 1 克
糯米 / 20 克	清水 / 1200 毫升
海虾米 / 3 克	盐、香菜碎、芝麻香油 / 适量
料酒 / 3 毫升	

做法
Steps

1. 清水里加入料酒，放入瑶柱和海虾米浸泡 20 分钟，沥干备用。将一半的瑶柱撕成细丝。

2. 大米和糯米淘洗干净，浸泡 30 分钟。

3. 砂锅里放入大米、糯米、姜丝、瑶柱、海虾米，倒入清水。大火煮开后，转小火煮 45 分钟左右。

4. 加入适量盐、白胡椒粉调味，关火。最后放上香菜碎，淋上几滴芝麻香油。

/好汤密语/
Tips/

1. 瑶柱、海虾米都有咸味，盐的量不要加太多。

2. 加入适量香菜碎和芝麻香油会很提味。

丝瓜鸡肉粥

丝瓜属寒性，味道清甜，搭配鸡丝一起入粥，夏天食用十分爽口。

用料
Ingredients

丝瓜 / 120 克 　　　　黑、白胡椒粉 / 少许

大米 / 80 克 　　　　姜 / 2 片

糯米 / 20 克 　　　　料酒 / 10 毫升

鸡胸肉 / 半块 　　　　盐、香油 / 适量

清水 / 1100 毫升

做法
Steps

1. 鸡胸肉冷水入锅，加入姜片、料酒、适量盐，沸腾后转中小火煮 15 分钟，至鸡肉熟透。待鸡胸肉冷却后，撕成细丝备用。大米、糯米淘洗干净后放入砂锅，倒入清水浸泡 30 分钟。开大火煮沸后，转小火炖煮 40 分钟。

2. 丝瓜去皮后切滚刀块，放入锅里煮 5 分钟。

3. 加入鸡丝、黑胡椒粉、白胡椒粉、适量盐，搅拌均匀，沸腾后即可关火。

好汤密语
Tips

1. 煮粥期间要适时搅动，以免糊底。
2. 出锅后滴 2 滴香油，会很提味。

燕麦玉米糊

　　我们家常常会做玉米糊，搭配烧饼或馒头，再配上一碟小凉菜。这种简单朴实的味道更让人留恋。

用料
Ingredients

玉米面 / 60 克　　　清水（泡燕麦用）/ 200 毫升

清水（煮玉米面用）/ 　甜玉米 / 半根
600 毫升
　　　　　　　　　　白芝麻 / 适量
燕麦 / 20 克

做法
Steps

1. 燕麦片提前用清水浸泡 10 分钟。

2. 玉米面中导入清水，充分搅拌至没有面疙瘩。

3. 将半根甜玉米脱粒，切碎备用。

4. 将所有食材倒入锅中，搅拌均匀。

5. 开中火加热，一边加热一边搅拌，沸腾后续煮 3~5 分钟，至玉米糊变浓
   稠即可。

6. 出锅后可撒上少许白芝麻调味。

好汤密语
Tips

1. 玉米面要先用冷水充分拌匀，以免煮的时候产生面疙瘩。

2. 建议用底稍厚的锅来煮，以免煳底。

3. 加热时要一边搅拌一边加热，否则易产生面疙瘩。

黑芝麻糊小汤圆

懒人版黑芝麻糊，加入了糯米小汤圆，单调的黑芝麻糊也可以变得生动有趣。

用料
Ingredients

黑芝麻酱 / 80 克
温水（芝麻酱用）/ 100 毫升
糯米粉 / 40 克
白砂糖 / 30 克

清水 / 300 毫升
糯米粉（小汤圆用）/ 50 克
温水（小汤圆用）/ 40 毫升
炒香的黑白芝麻 / 适量

做法
Steps

1. 将 40 克糯米粉倒入平底锅，小火翻炒到颜色微微变黄。

2. 黑芝麻酱用 100 毫升温水化开，搅拌至顺滑。

3. 将炒黄的糯米粉、化开的黑芝麻酱、300 毫升清水，在锅中混合，搅拌均匀。加入白砂糖，开小火，一边加热一边搅拌。

4. 沸腾后继续加热 1~2 分钟，煮至浓稠状态。

5. 将 50 克糯米粉和 40 毫升温水混合，揉成团后，滚成小汤圆。

6. 锅里放入 300 毫升清水，沸腾后放入小汤圆，煮至小汤圆漂起即可。将小汤圆盛出，倒入黑芝麻糊中，撒上适量炒香的黑白芝麻做装饰。

好汤密语
Tips

1. 可以根据个人喜好调整白砂糖的用量。

2. 糯米粉不要炒过火，以免味道发苦。

3. 黑芝麻酱用温水更容易化开。

4. 做小汤圆的水量可根据实际情况进行调整。

紫薯粥

　　紫薯热量低，并含有丰富的纤维素，能促进肠胃蠕动，清理肠道内环境。用紫薯和糯米煮粥不但口感软糯，颜色也很漂亮，在家试试吧。

用料
Ingredients

紫薯 / 100 克　　　　　百合 / 10 克
大米 / 80 克　　　　　　清水 / 1100 毫升
糯米 / 20 克

做法
Steps

1. 紫薯去皮切小丁。

2. 百合洗净，大米、糯米淘洗干净。将所有食材放入砂锅，倒入清水，浸泡 30 分钟。

3. 开大火煮沸后，转小火炖煮 40 分钟。

/好汤密语/
Tips /

1. 如果喜欢甜口，可以加入适量红糖。

2. 最后 10 分钟转中大火，顺时针搅动，可以让粥变得更加黏稠。

小吊梨汤

　　俗话说"食梨防燥最宜秋"，秋季干燥，应季的雪梨有润肺的功效，搭配银耳、冰糖，润肺降火。

用料
Ingredients

雪梨 / 500 克   冰糖 / 35 克

话梅 / 4~6 颗   清水 / 1000 毫升

银耳 / 1/4 朵   盐 / 少许

做法
Steps

1. 话梅提前浸泡 10 分钟。

2. 银耳去除根蒂，浸泡 1 小时，撕小块备用。

3. 雪梨冲洗干净，削皮（梨皮尽量不要削断，保留），切月牙瓣儿。

4. 将所有食材放入砂锅，注入清水，加入冰糖、适量盐。

5. 大火烧开后，转小火炖煮 40 分钟即可。

6. 过滤后得到小吊梨汤（当然炖煮的食材也是可以吃的）。

好汤密语
Tips

1. 冰糖用量可根据个人喜好调整；盐的量不要多，稍稍一点即可。

2. 梨皮有清热解毒、润肺等功效，可以保留下来一起炖煮。银耳煮好后仍然是脆的，只是为梨汤稍微增加稠度。话梅是小吊梨汤的点睛之笔，不要省略哦。

3. 冰镇后味道更好。

南瓜红薯小米粥

秋季南瓜和红薯又软又甜，和富含胡萝卜素的小米一起熬粥，营养丰富，十分养胃。

用料
Ingredients

小米 / 100 克　　　　红糖 / 一小块
南瓜 / 100 克　　　　清水 / 1200 毫升
红薯 / 100 克

做法
Steps

1. 南瓜切小丁。

2. 红薯切滚刀块。

3. 小米洗干净后浸泡 30 分钟。将所有食材放入砂锅，倒入清水。

4. 大火烧开后转中火，煮 40 分钟左右即可。

好汤密语
Tips

1. 小米在煮之前先浸泡 30 分钟，这样煮出来的粥会更加浓稠。

2. 红糖用量可根据个人喜好调整。

芋头苦菜粥

第一次尝到芋头粥是在桂林，沙糯的荔浦芋头让粥的口感变得很惊艳，制作起来也不复杂，强烈推荐。

用料
Ingredients

荔浦芋头 / 300 克　　　　姜丝 / 3 克

大米 / 30 克　　　　　　白砂糖 / 1 克

清水 / 1200 毫升　　　　料酒 / 10 毫升

苦菜 / 30 克　　　　　　盐、植物油 / 适量

猪肉糜 / 50 克

做法
Steps

1. 大米淘洗干净后，浸泡 30 分钟。荔浦芋头去皮后，切小丁备用。

2. 锅里倒入适量植物油，油热后放入姜丝炒香，倒入猪肉糜和料酒，炒至猪肉断生变色。

3. 放入荔浦芋头丁略翻炒，倒入泡好的大米。

4. 锅里注入清水，放适量盐和少许白砂糖调味。

5. 大火煮开后，转小火炖煮 90 分钟左右，至芋头完全煮化，中间要适时搅动。

6. 放入切碎的苦菜。

7. 再次沸腾后关火。

好汤密语
Tips

1. 要煮至芋头完全融化，才有沙糯的口感哦。

2. 因为锅的密封性不同，要根据蒸发程度加入适量清水，避免炖煮时间较久，造成煳底。

山药柿饼薏米粥

秋季山药软糯，开胃健脾、促进消化，搭配应季的柿饼，是秋天不能错过的粥品。

用料
Ingredients

柿饼 / 2 块　　　　　薏米 / 50 克
山药 / 200 克　　　　清水 / 1100 毫升
糯米 / 70 克

做法
Steps

1. 山药去皮后切滚刀块，柿饼一块切小丁，另一块保留整块。

2. 薏米和糯米淘洗干净，提前浸泡 2 小时。

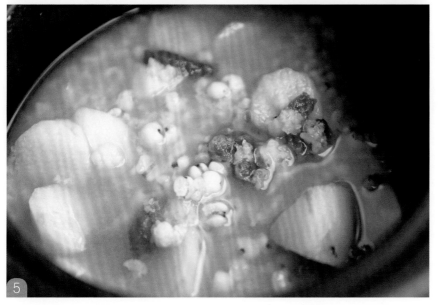

3. 炖锅里放入山药、整块的柿饼、薏米和糯米，倒入清水。

4. 大火煮沸后，转中小火炖煮 50 分钟左右，取出整块的柿饼。

5. 放入切成小丁的柿饼，混合均匀，关火。

/好汤密语/
Tips/

柿饼煮过后会有苦涩的味道，和粥同煮的整块柿饼，煮好后需要取出。

红豆雪梨醪糟粥

酸甜的醪糟和红豆一起入粥，驱寒暖胃，搭配应季的雪梨，清肺润燥。

用料
Ingredients

醪糟 / 150 克
红豆 / 70 克
糯米 / 20 克

黑加仑葡萄干 / 10 克
雪梨 / 1 个
清水 / 600 毫升

做法
Steps

1. 红豆提前用温水浸泡 3 小时。将红豆、糯米洗净后倒入 600 毫升清水中，大火煮开后转小火煲煮 40 分钟左右。

2. 加入切成块的雪梨和黑加仑葡萄干，继续小火煮 20 分钟。

3. 待粥稍冷却，加入醪糟，搅拌均匀。

好汤密语
Tips

红豆提前浸泡 3 小时，可以缩短煲煮时间。

蛤蜊粥

秋季的蛤蜊肥美,富含钙质和牛磺酸,有明目清肝利胆的作用,搭配应季蔬菜,营养健康。

用料
Ingredients

蛤蜊 / 300 克

大米 / 100 克

瑶柱干 / 30 克

海群菜 / 3 克

料酒 / 3 毫升

白砂糖 / 少许

白胡椒粉 / 1 克

清水 / 1100 毫升

盐 / 适量

做法
Steps

1. 蛤蜊吐干净沙子后，用小刷子将外壳刷洗干净。海群菜泡发后，切碎备用。

2. 大米淘洗干净，浸泡 30 分钟，放入炖锅中，注入清水。瑶柱干提前浸泡
   1 小时，撕碎后放入锅中。大火烧开后，转小火煮 40 分钟。

3. 粥里加入蛤蜊、海群菜。

4. 再加入料酒、盐、白胡椒粉和少许白砂糖调味。煮至粥沸腾，蛤蜊都开
   口即可。

好汤密语
Tips

1. 蛤蜊买回来后，放入盐水中，冰箱冷藏过夜，让蛤蜊把沙子吐干净。

2. 清水的用量可根据实际情况适当调整。

腊八粥

寒冷的腊八，家里熬一锅酥烂浓稠的腊八粥，冬天也变得温暖安心了。

用料
Ingredients

糯米 / 20 克   大枣 / 5~6 颗

黑米 / 20 克   莲子 / 15 克

小米 / 20 克   葡萄干 / 10 克

薏米 / 20 克   清水 / 1200 毫升

红豆 / 15 克   红糖 / 适量

黑豆 / 15 克

做法
Steps

1. 将红豆、黑豆、莲子提前用温水浸泡3小时。

2. 莲子需要去除里面的苦芯。

3. 将所有食材淘洗干净，放入煲锅，倒入清水，浸泡30分钟（可根据浓稠度的喜好，调节水量）。

4. 大火烧开转小火，煲煮2小时左右，最后10分钟转中大火，顺时针搅动，让粥黏稠（也可以用电饭煲的煲粥功能，或高压锅压30分钟）。

好汤密语
Tips

1. 腊八粥可以选择的食材有很多，米类有糯米、大米、黑米、红米、糙米、小米、薏米、高粱米。豆类有红豆、黑豆、绿豆、白芸豆。果仁有红枣、枸杞、葡萄干、核桃、花生、莲子、芡实、桂圆、百合、松子。可以选择自己喜欢的8~10种食材来煲粥。建议以米类为主，再分别搭配两三种豆类和果仁。

2. 豆类、莲子、芡实这类难熬煮的食材，需提前温水浸泡3小时。

皮蛋瘦肉粥

02
冬

广式粥里，出镜率最高的应该就是皮蛋瘦肉粥了吧，其实制作起来并不复杂，Q弹的皮蛋搭配嫩滑的里脊肉，很适合作为冬季的早餐。

用料
Ingredients

大米 / 100 克	玉米淀粉 / 7 克
清水 / 1100 毫升	白胡椒粉 / 2 克
猪里脊 / 70 克	白砂糖 / 少许
皮蛋 / 1 颗	小葱 / 1 棵
酱油 / 15 毫升	姜 / 10 克
料酒 / 10 毫升	盐、芝麻香油 / 适量

做法
Steps

1. 里脊肉逆纹切片再切丝，放入料酒、适量盐、1 克白胡椒粉、白砂糖、酱油腌制备用。大米洗净密封好，放入冰箱冷冻一夜。

2. 皮蛋切小丁备用。

3. 姜切细丝，小葱切葱花。

4. 冷冻好的大米放入煲锅，注入清水，放入一半量的姜丝和几滴芝麻香油，大火煮开后转中小火炖煮 40 分钟，期间适时搅动。

5. 放入皮蛋丁和腌制好的里脊肉，稍煮几秒后再拨散。加入适量盐、1 克白胡椒粉、少许白砂糖调味。

6. 出锅后再淋上几滴芝麻香油，放上适量葱花和剩余的姜丝。

/好汤密语/
Tips/

1. 大米洗净后，密封放入冰箱冷冻一夜，这样可以煮出开花的米粥。

2. 皮蛋分黄皮蛋和黑皮蛋，一般黄皮蛋是用鸡蛋腌制的，黑皮蛋则用鸭蛋腌制。制作工艺、腌制时间长短不同也会产生不同颜色。黑皮蛋比黄皮蛋味道重一些，可以根据个人喜好选择。

红豆黑米椰枣粥

黑米和红豆具有滋阴健脾、补血暖胃的作用，搭配甜糯的椰枣，在寒冷的冬季应该没人能拒绝吧。

用料
Ingredients

黑米 / 70 克   椰枣 / 40 克

糯米 / 30 克   清水 / 900 毫升

红小豆 / 40 克

做法
Steps

1. 红小豆提前浸泡过夜，黑米和糯米提前浸泡 2 小时。

2. 椰枣冲洗干净。将所有食材放入炖锅，注入清水。大火煮开后转小火炖煮
   90 分钟即可。

/好汤密语/
/Tips/

红小豆、黑米、糯米先提前浸泡，更容易煮至酥烂。

生滚鱼片粥

看似费事的鱼片粥，其实制作起来并不烦琐，煮好粥底后，涮入腌制好的鱼片就大功告成了。冬天来上一碗鲜甜的鱼片粥，真的是很让人倍感温暖。

用料
Ingredients

草鱼 / 300 克　　　　　料酒 / 10 毫升

大米 / 100 克　　　　　姜 / 4 片

新鲜虫草花 / 40 克　　白砂糖、白胡椒粉 / 少许

清水 / 1100 毫升　　　盐、姜丝、芝麻香油 / 适量

做法
Steps

 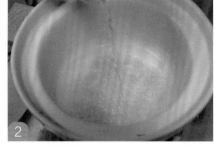

1. 草鱼处理干净后，斜刀切薄片。放入料酒、适量盐、少许白砂糖、2 片姜，放冰箱冷藏腌制 20 分钟。

2. 大米淘洗干净后，倒入清水浸泡 30 分钟，放入 2 片姜，几滴芝麻香油，大火煮开后转小火煮 40 分钟。

3. 放入洗干净的虫草花，煮 2~3 分钟。

4. 粥里放入腌好的鱼片，加入适量盐、白胡椒调味，轻轻搅动混合均匀。

5. 鱼片煮熟变色后关火，放入切碎的水芹菜末和姜丝，混合均匀即可。

好汤密语
Tips

1. 如果用干虫草花，需要提前浸泡 30 分钟，泡发后使用。

2. 如果不会切鱼片，可以在买鱼的地方让商家帮忙切好。

3. 放入鱼片后，轻轻搅动混合均匀，注意不要把鱼片弄碎。

燕麦粥

05
冬

燕麦是减肥的好帮手，富含粗纤维，搭配喜欢的水果、坚果，高颜值早餐就此诞生，满足味觉和视觉的双重享受。

用料
Ingredients

燕麦片 / 50 克
清水 / 350 毫升
牛奶 / 150 毫升

蓝莓、草莓干、香蕉、
脆燕麦、奇亚籽、南瓜
籽 / 适量

做法
Steps

1. 锅里倒入燕麦片和清水，混合均匀后浸泡 10 分钟。

2. 煮沸后转小火，煮 5 分钟左右至浓稠。

3. 加入牛奶。

4. 再次煮沸后关火。

5. 盛出燕麦粥，放入喜欢的水果、坚果。此款放的是蓝莓、香蕉、脆燕麦、
   草莓干、奇亚籽、南瓜籽。

/好汤密语/
Tips/

1. 不同种类的燕麦片，炖煮时间不同，根据包装上的说明操作即可。

2. 直接用牛奶煮燕麦片容易扑锅，可以先用水煮至浓稠，再加入牛奶。

06
———
冬

养生紫米粥

　　紫米、红豆具有气血双补的功效，糙米含有粗纤维，营养价值高，是冬季不容错过的养生粥。

用料
Ingredients

紫米 / 60 克　　　　糯米 / 20 克
红豆 / 20 克　　　　清水 / 1200 毫升
糙米 / 20 克

做法
Steps

1. 所有食材淘洗干净后，浸泡 1 小时。

2. 放入砂锅，倒入清水。

3. 大火煮沸后，转小火煮 1 小时，至红豆、紫米酥烂即可。

好汤密语
Tips

红豆、紫米比较难煮，如果不提前浸泡需要延长煲煮时间。

07
冬

烤葱鸡肉粥

烤葱鸡肉粥在我家是很受宠的一款咸粥，煎香的大葱，搭配口感嫩滑的鸡腿肉，简单的食材也能让粥变得华丽起来。

用料
Ingredients

鸡腿 / 1 个	酱油 / 10 毫升
大葱 / 1 根	料酒 / 5 毫升
香菇 / 2~3 朵	白砂糖 / 1 克
大米 / 100 克	黑胡椒 / 1 克
清水 / 1200 毫升	植物油、盐、黑胡椒粉、葱丝 / 适量

做法
Steps

1. 鸡腿肉切块，放入酱油、料酒、白砂糖、黑胡椒、盐，拌匀后腌制15分钟。

2. 香菇切丁备用。

3. 大米提前浸泡30分钟。

4. 锅里倒入少许植物油，油热后放入切段的大葱和香菇碎，翻炒至金黄色，盛出备用。

5. 锅里再倒入少许植物油，油热后放入腌制好的鸡腿肉和剔下来的鸡腿骨，稍微煎香后再翻动，炒至变色即可盛出备用。

6. 锅里剩的底油不用清洗，倒入浸泡好的大米和炒香的大葱段、香菇碎，略翻炒。

7. 加入开水，中小火炖煮 1 小时左右。

8. 取出鸡腿骨和大葱段，倒入煎好的鸡腿肉碎，加入适量盐调味，撒黑胡椒粉、葱丝装饰。

/好汤密语/
Tips/

1. 不同种类的燕麦片，炖煮时间不同，根据包装上的说明操作即可。

2. 直接用牛奶煮燕麦片容易扑锅，可以先用水煮至浓稠，再加入牛奶。

08
冬

山楂薏米粥

酸甜的山楂粥最适合炎炎夏日食用，冷藏后风味更佳，健脾开胃，十分解暑。

用料
Ingredients

大米 / 50 克　　　山楂 / 100 克
糯米 / 50 克　　　红糖 / 50 克
薏米 / 30 克　　　清水 / 1200 毫升

做法
Steps

1. 将山楂洗净，其中一半切碎备用。

2. 薏米、大米、糯米洗干净后浸泡 30 分钟。

3. 将所有食材放入砂锅，倒入清水。

4. 大火烧开后转中小火，炖煮 90~120 分钟至黏稠即可。

好汤密语
Tips

1. 薏米、大米、糯米提前浸泡 30 分钟，这样煮出来的粥会更加黏稠。

2. 红糖量可根据喜好调整。

3. 山楂的两头要充分冲洗干净。

图书在版编目 (CIP) 数据

下厨房 . 四季汤粥 / 何若芳著 . -- 北京 ： 中国轻工业
出版社， 2019.8
ISBN 978-7-5184-2478-8

Ⅰ . ①下… Ⅱ . ①何… Ⅲ . ①汤菜－菜谱②粥－食谱
Ⅳ . ① TS972.12

中国版本图书馆 CIP 数据核字 (2019) 第089540号

责任编辑：朱启铭　　　策划编辑：朱启铭　　　　　　　　责任终审：张乃東
封面设计：奇文云海　　　版式设计：北京奥视星辰文化有限公司　责任监印：张京华

出版发行：中国轻工业出版社有限公司（北京东长安街6号，邮编：100740）

印　　刷：北京博海升彩色印刷有限公司

经　　销：各地新华书店

版　　次：2019年8月第1版第1次印刷

开　　本：710×1000　1/16　印张：11

字　　数：120千字

书　　号：ISBN 978-7-5184-2478-8　　　定价：48.00元

邮购电话：010-65241695

发行电话：010-85119835　传真：85113293

网　　址：http://www.chlip.com.cn

Email：club@chlip.com.cn

如发现图书残缺请与我社邮购联系调换

180210S1X101ZBW